CON GRIN SUS CONOCIMIENTOS VALEN MAS

AF139925

- Publicamos su trabajo académico,
  tesis y tesina

- Su propio eBook y libro - en todos
  los comercios importantes del mundo

- Cada venta le sale rentable

Ahora suba en www.GRIN.com
y publique gratis

Bibliographic information published by the German National Library:

The German National Library lists this publication in the National Bibliography; detailed bibliographic data are available on the Internet at http://dnb.dnb.de .

This book is copyright material and must not be copied, reproduced, transferred, distributed, leased, licensed or publicly performed or used in any way except as specifically permitted in writing by the publishers, as allowed under the terms and conditions under which it was purchased or as strictly permitted by applicable copyright law. Any unauthorized distribution or use of this text may be a direct infringement of the author s and publisher s rights and those responsible may be liable in law accordingly.

Imprint:

Copyright © 2018 GRIN Verlag
Print and binding: Books on Demand GmbH, Norderstedt Germany
ISBN: 9783668866096

This book at GRIN:

https://www.grin.com/document/456041

Ramón Alexis Rodríguez Hernández

Drone de seguridad para pymes

GRIN Verlag

GRIN - Your knowledge has value

Since its foundation in 1998, GRIN has specialized in publishing academic texts by students, college teachers and other academics as e-book and printed book. The website www.grin.com is an ideal platform for presenting term papers, final papers, scientific essays, dissertations and specialist books.

Visit us on the internet:

http://www.grin.com/

http://www.facebook.com/grincom

http://www.twitter.com/grin_com

INSTITUTO TECNOLÓGICO SUPERIOR DE TIERRA BLANCA

Dron de seguridad para pymes

Ingeniería en sistemas computacionales

Grupo 102-A

Ramón Alexis Rodríguez Hernández

Tierra Blanca, Ver. 13 de diciembre del 2018

Resumen

Las pequeñas y medianas empresas conocidas como pyme son las más propensas a robos conocidos como hurto, debido que a su falta de medidas de seguridad o personal es más fácil el tomar productos sin ser detectados. Por lo que es necesario tomar medidas contra estos, actualmente con el avance de la tecnología se puede sustituir el uso de cámaras de seguridad por drones los cuales además de vigilar podrán localizar los objetos robados. Es importante tener en cuenta que existen diversos tipos de drones y no son solo para uso militar, sino que también para uso civil donde se adaptan muy bien en la vigilancia y seguridad de los negocios, además estos pueden ser de diversos tamaños dependiendo de los objetivos que la pyme desee realizar con ellos.

Palabras claves: Drone, pyme, robos

Abstract

Small and medium-sized companies known as SMEs are the most prone to theft known as larceny, due to the lack of security measures or personnel is easier to take products undetected. Which is why it is necessary to take measures against them, nowadays, with the advance of technology, the use of security cameras by drones can be substituted which in addition to monitoring can locate stolen items. It is important to keep in mind that there are different types of drones and they are not only for military use but also for civil use where they adapt very well in the surveillance and security of the businesses, besides these can be of different sizes depending on the objectives that the SME wants to make with them.

Keywords: Drone, SME, theft

La abreviación PYME se utiliza para denominar las pequeñas y medianas empresas tanto en la Unión Europea y las organizaciones internacionales tales como el Banco Mundial, las Naciones Unidas y la Organización Mundial del Comercio; no existe una definición normalizada de lo que se entiende por PYME sin embargo la Unión Europea ha comenzado a normalizar el concepto. Se denominarán micro, pequeñas o medianas empresas aquellas que se ajustan a los criterios establecidos en la Recomendación 2003/361/EC. En primer lugar, las PYME se caracterizan por su elevado índice de accidentes y enfermedades, debido a que la frecuencia de los accidentes en empresas pequeñas es un 20% superior que en empresas con más de 100 trabajadores y un 40% superior que en empresas con más de 1.000 trabajadores.

La abreviación PYME se utiliza con frecuencia para denominar las pequeñas y medianas empresas en la Unión Europea y las organizaciones internacionales tales como el Banco Mundial, las Naciones Unidas y la Organización Mundial del Comercio. No existe una definición normalizada de lo que se entiende por PYME, pero la Unión Europea ha comenzado a normalizar el concepto. Se denominarán micro, pequeñas o medianas empresas aquellas que se ajustan a los criterios establecidos en la Recomendación 2003/361/EC. (Hurst, 2013, pág. 13)

El origen de una pequeña empresa generalmente está asociado con la detección de una necesidad u oportunidad de negocio, buscando la por lo que decidir comprar o crear una empresa propia requiere considerar factores legales, económicos, familiares, materiales y financieros. Una vez que se está convencido de poner en marcha una empresa propia o de comprar una en operación, el siguiente paso es realizar un estudio con la finalidad de determinar si es factible establecerla y de averiguar cuáles serían las condiciones favorables para ello por lo que el estudio deberá cubrir aspectos como: ubicación de la empresa, instalaciones físicas internas y externas, estudio del mercado que se cubrirá, personal que deberá contratarse en el presente y en el futuro, costos y proyecciones de ventas, presupuestos de ventas mínimos anuales, proyecciones financieras mínimas anuales, estado de flujos de efectivo, estado de resultados, estado financiero al final de un periodo, fijación de puntos de equilibrio, determinación de fuentes futuras de fondos y balances generales. Asimismo, al comprar una empresa en operaciones o al heredar una, se requiere elaborar un estudio de factibilidad, una labor que demanda dedicación, esfuerzo y tiempo.

"Es importante comprender que una vez completado el estudio, y aun cuando éste sea muy detallado, se deberá tener en cuenta que hay un número significativo de factores ambientales y económicos que lo pueden afectar. Una vez terminado el análisis, el pequeño empresario deberá estar consciente de que tiene en sus manos una herramienta que le servirá no sólo para iniciar satisfactoriamente sus operaciones, sino también para disminuir en forma considerable el riesgo de fracaso. Respecto a la ubicación de la empresa, debe considerarse que hay cierto tipo de empresas, como las de ventas al por menor, que tienen un alto grado de riesgo de fracaso si están mal ubicadas; en cambio, otras organizaciones bien pueden subsistir perfectamente sin este requisito, por ejemplo, las empresas de servicios de reparaciones o los despachos, las cuales por lo general están en condiciones de crecer sin tener que afrontar el alto costo asociado con una ubicación ideal. A menudo se toman decisiones de ubicación a la ligera pensando sólo en factores como el hecho de encontrar un local disponible, la cercanía del lugar donde se vive, la familiaridad con el vecindario o la disponibilidad de una empresa en venta. Por desgracia, suele pensarse que éstas son razones suficientes para tomar una decisión; sin embargo, debe evitarse este tipo de razonamientos. Una buena decisión de ubicación es el resultado de una secuencia de decisiones ordenadas previas, las cuales han ayudado a eliminar alternativas hasta conformar la decisión definitiva del sitio preciso donde residirá la empresa." (Jacques, 2011, pág. 42)

Las empresas se clasifican de acuerdo a sus ventas, activos, empleos, entre otros con el fin de tomar medidas mejor enfocadas a su producción. El término "empresa media" fue introducido en México para refundir en un solo grupo a las pymes y a aquellas microempresas que denominamos "con opción de desarrollo". Esta nueva clasificación profundiza la forma común de dividir las microempresas entre las de subsistencia y aquéllas con opción de desarrollo, de acuerdo al número de trabajadores. Obtenido de:

"Quizá sobre esta base se pueda especular que también alrededor del 25% de las microempresas pueda ser catalogada como empresa media. Si se agregan las empresas pequeñas y medianas, estaríamos hablando de un poco más de 1.6 millones de empresas en estos países" (Zevallos, 2003, pág. 5).

Las pymes son de gran importancia puesto que los jóvenes son donde inician a tomar empleo siendo esta la primera puerta al mercado laboral, debido a que esto genera que se mejoren las estrategias para los trabajadores en las pymes, por lo que no se puede evitar el contratar a jóvenes a pesar de que en ocasiones esto implique una dificulta, de igual manera de ellas depende el trato que se le da a las mujeres pues como se ha mencionada en las pymes se inicia el mercado laboral. Extraído de:

"Interesa caracterizar la participación laboral de los jóvenes en las PYMES. Para ello se apela a tres dimensiones de análisis que se consideran particularmente relevantes.

En primera instancia, se busca relevar el grado en el que el empleo joven se concentra en las unidades económicas de menor tamaño, en relación con lo que sucede con el empleo de personas de mayor edad." (Martínez, 2015, pág. 8)

Para las pymes es importante el cliente, pues se deben formar vínculos para asegurar que este se quede por gran tiempo, por tal motivo debe haber seguridad tanto como a la hora de cumplir con los deseos de este, pues se debe mantener satisfecho al cliente, teniendo en cuenta que existen dos tipos, los retenidos y los llamados mariposa, los primeros aquellos que satisfechos o no están por obligación, como lo es con un banco debido a que el cliente tiene su hipoteca, y los segundos son aquellos que no tiene la obligación de permanecer sino que están porque los satisface y en la mejor oferte de la competencia estos se irán. Obtenido de:

"Nótese que hablamos de retención y de satisfacción: Ya que podemos encontrarnos con Clientes retenidos y que no están satisfechos, los que denominamos rehenes o cautivos. Como puede ser un cliente descontento en un banco que tiene allí su hipoteca o el Cliente insatisfecho de una empresa de telefonía que ha firmado un contrato de permanencia con la compañía." (Alcaide y otros, 2013, pág. 12)

Las empresas abarcan desde la operación económica hasta los valores empresariales a largo plazo, en la que encontramos las finanzas, la tecnología, la comercialización, la estructura regulatoria, la organización y recursos humanos. Dentro de las tecnologías encontramos la ausencia de tecnología apropiada a costos accesible, como la actualización de equipo, maquinaria, diseños de productos y aspectos similares. Extraído de:

"En esta área, los problemas principales son la ausencia de tecnología apropiada a costos accesibles, y por otro lado, el poco acceso a la tecnología existente, tanto en la actualización de equipos o maquinaria, diseño de productos y aspectos similares, como en la gestión y capacitación gerencial." (Zevallos, 2003, pág. 15)

Cuando una pyme está en tiempos de crisis es importante recordar que se debe mantener el optimismo puesto que en toda crisis siempre hay oportunidades, pero nunca ser engañados, pues siempre se debe ser realista recordando que los clientes serán solo de las empresas que logren sobrevivir. Por tal motivo es muy importante siempre tener a la mano un plan de contingencia ante las sorpresas del entorno económico, político y social. Obtenido de:

"a. El objetivo final es mantenerse operando. Recuerda que los clientes serán solo de las empresas que logren sobrevivir.
b. En toda crisis, siempre hay oportunidades, particularmente en los mercados que dejan de ser atendidos.
c. Durante tiempos de crisis es importante mantener el optimismo, pero siempre acompañado con una buena dosis de realismo.
d. Es importante estar mas alerta a los entornos económicos, políticos y sociales tanto nacionales como internacionales, y ver cómo tendremos que adecuarnos a las nuevas circunstancias y realidades." (García,2009, pág. 5)

La seguridad procura minimizar o eliminar los riesgos, garantizando la integridad de las personas, bienes y procesos, es importante reconocer que la seguridad al 100% no existe. La seguridad es un instinto, componente de la supervivencia, como tal el ser humano extiende esto a los artículos con algún valor y personas de los cuales se siente responsable. En caso de las personas para estar segura es necesario estarlo y sentirse segura. Extraído de:

"Seguridad de personas: es la sensación de sentirse fuera del alcance de cualquier peligro ó amenaza, en un lugar determinado.
Seguridad de bienes: se puede entender cuando éstos están libres de daños, amenazas ó riesgos de ser sustraídos de su legítimo dueño." (Meza, 2016, pág. 4).

En caso de la sociedad la seguridad se divide en dos, seguridad pública y privada. La seguridad privada tiene como misión prevenir e investigar lo que se produzca, siendo el estado el encargado de corregir la situación. La seguridad privada cuenta con una vigilancia preventiva y actuaciones en instalaciones privadas, esta cuenta con la obligación de colaborar con la seguridad pública. Mientras tanto la seguridad pública tiene la obligación de investigar y corregir. Entre las diferentes actividades que se realizan en la seguridad encontramos la vigilancia, la cual es encomendada por el contratante. Obtenido de:

"Se denomina patrullaje a la acción sistemática que realizan los agentes de seguridad privada al recorrer un perímetro previamente determinado por el jefe de grupo o superior a cargo y teniendo como objetivos, ofrecer seguridad a los sitios, edificios, establecimientos educativos, industriales, comerciales, financieros, agropecuarios, residencias, colonias urbanizaciones y otros, garantizando el buen orden de convivencia y obstaculizar la ocurrencia de hechos delictivos.
Vigilancia: Es la Observación directa que un Elemento de Seguridad ejerce, sobre objetos, personas o instalaciones encomendados por el contratante." (Meza, 2016, pág. 8)

Ser ético en los negocios es hoy algo muy difícil. Las decisiones suelen ser complicadas; falta información y no apenas existe tiempo para la reflexión. La competencia es fuerte y la presión de los mercados continúa: la exigencia de resultados no permite distraerse de los objetivos económicos. Si una pyme suministra a otra grande, tendrá que obedecer un código de conducta que se ha redactado principalmente para proteger a la empresa principal, y nadie se preocupará de la pyme. Extraído de:

"En las empresas no hay decisiones éticas: hay decisiones, con varias dimensiones: económicas, psicológicas, sociales, políticas y también morales, y al directivo le pagan para que trate de conseguir resultados satisfactorios en todos estos ámbitos. La ética trata, primero, de evitar las acciones radicalmente malas y después, en la medida de lo posible, de conseguir decisiones que sean cada vez mejores: la ética apunta a la excelencia, aunque en esta vida esta meta no se alcance nunca." (Argandoña, 2017, pág. 3)

Lo primero es cumplir las normas éticas. Existen muchos listados de esas normas, desde los diez mandamientos hasta los códigos de buena conducta de muchas empresas que, si están bien elaborados, coincidirán en principios generales, como en no robar o no hacer daño. Obtenido de:

"Las normas éticas a las que nos referimos aquí no son las leyes civiles, mercantiles o fiscales. Como regla general hay que cumplir las leyes porque se supone que están ordenadas al buen funcionamiento de la sociedad, pero no todo lo legal es ético; además, la ley no puede prever todas las situaciones posibles ni bajar a los detalles, mientras que la ética sí debe hacerlo." (Argandoña, 2017, pág. 3)

Los objetivos de la empresa no pueden ser solo técnicos porque las personas que toman las decisiones y las ponen en práctica aprenden de sus propias acciones y de las de los demás, y esos aprendizajes tienen unas consecuencias que no se debe omitir pues vienen influidos por las normas, la cultura, las estrategias y las políticas de la organización.

La delincuencia contra empresas mexicanas es menor comparada con la delincuencia a hogares sin embargo esta es superior a la media comparada con la delincuencia a empresas europeas, contando con un promedio de dos delitos por empresa al año a pesar de existir más de un millón de empresas en México, por lo que los delitos superan los dos millones al año, por tal motivo es importante tomar medidas de seguridad contra estos. Extraído de:

> *"En términos absolutos, ese año se cometieron dos millones 500 mil delitos contra un millón 200 mil empresas; de un total de tres millones 700 mil empresas en el país. Esto da un promedio de dos delitos por empresa.[3] Y si bien, la victimización contra las empresas se redujo significativamente entre 2011 y 2013,[4] a diferencia de lo sucedido contra los hogares en donde aumentaron los delitos y las víctimas, en una comparación internacional frente a otros 20 países de la Unión Europea, las empresas mexicanas se hallan a media tabla en términos de sus niveles de victimización, aunque ligeramente por encima de la media europea. Más empresas son victimizadas por el delito en otros países, pero el nivel de victimización entre las empresas mexicanas no es comparativamente menor." (Vilalta, 2017, pág. 3)*

Un análisis de riego de robo requiere principalmente tener en cuenta que es lo que se quiere proteger, de quien lo vamos a proteger y los medios de protección existentes, como lo son los medios de protección físicos, electrónicos y humanos. De este modo se pueden evitar tanto los robos especializados como los ocasionales.

Los medios de protección físicos o pasiva consiste en retardar o impedir la intrusión, como lo son las puertas, las rejas, y los vidrios de seguridad, los medios de protección electrónicos o activa son sistemas que sirven fundamentalmente para detectar la intrusión una vez que se ha ascendido a la zona protegida como lo son las cámaras de vigilancia, por último, los medios humanos son aquellos con los que hay que contar siempre ya sean propios o externos. Con esta información se puede saber cuáles son los medios con los que uno se debe centrar de acuerdo a la delincuencia. Obtenido de:

> *"En función de que sea uno u otro, los medios de protección a implantar en las instalaciones se reforzarán más en la protección pasiva o en la protección activa.*
> *No obstante ello, y siempre en todo caso, la mejor seguridad es la que combina de una forma equilibrada en función del caso particular que se esté estudiando, los tres sistemas de protección." (Ávila, 2008, pág. 8)*

Normalmente se efectúan dos formas a la hora de realizar un robo, aquellos con el menor tiempo posible(ocasionales) y aquellos que se realizan con un largo periodo de tiempo (especializados). Los robos ocasionales son aquellos donde los métodos utilizados son más lesivos, para el edificio y el mobiliario, las vías de escape no son planeas con anticipación y suele dejar los útiles de robo en el lugar de los hechos

Aquellos que se dedican a cometer todo tipo de hechos delictivos, utilizando métodos violentos como robos con violencia, atracos, etc. Son impredecibles en sus actos, por lo que es conveniente seguir sus instrucciones para evitar ser lesionados. (Mapfre, 2008, pág. 9)

El factor tiempo es muy importante pues el éxito de los sistemas de protección no se basa en la invulnerabilidad de este, sino en la notable influencia sobre la ralentización en las actuaciones de los delincuentes. Es por eso necesario implementar no un sistema anti-intrusión cualquiera, sino aquél que nos garantice, unos requisitos técnicos mínimos que optimicen la respuesta en tiempo de los cuerpos de seguridad del estado, así como obstaculizar y dificultar la acción de los delincuentes.

Las microempresas representan un papel muy importante en la economía del país, esto se debe a la elevada cantidad de establecimientos que representan y a la gran cantidad de empleos que generan. Estas se encuentran distribuidas por todo el territorio urbano, por lo que quedan expuestas a la inseguridad como lo es el robo. Las microempresas son vulnerables a este delito, pues la escasa capacidad de aseguramiento y de recursos limita su capacidad para recuperarse de uno o más de estos delitos. Por lo general las áreas más afectas por robo son aquellas con un índice alto de población o áreas abandonadas, debido al alto índice de inseguridad que generan estas áreas, evitando la recuperación en los diversos impactos que sufren estos negocios, principalmente en aquellos que son víctima de violencia.

"Las microempresas son un segmento de la economía especialmente frágil a los impactos negativos de la delincuencia debido a que presentan una serie de condiciones que afectan su capacidad para hacer frente a eventos adversos, entre ellas, la falta de medidas de prevención y detección de actividad delictiva, por ejemplo, la ausencia de una cultura de aseguramiento (pago de primas de seguros); la disponibilidad de inventarios de mercancías, dinero en efectivo y otros activos en el mismo negocio." (Fabiola Maribel y otros 2014 pág. 4)

El robo hormiga es un delito cometido en el interior de la empresa, suele ser cometido por los trabajadores, visitantes o proveedores, por lo que se dificulta su detección oportuna. Este delito suele ocasionar pérdidas del 30 y 35% en las ganancias de la empresa.

"Las empresas más susceptibles son las dedicadas a los bienes, ya que al manejar materia prima de forma constante el robo es más rentable y permite burlar los sistemas de seguridad de forma más sencilla. Generalmente quienes cometen este ilícito optan por llevarse objetos pequeños y fáciles de ocultar" (Alarcon R., pág. 1).

El robo hormiga es ocasionan dado por diversas razones, entre las cuales la economía es una de las principales ramas, estos robos son originados comúnmente en artículos pequeños tanto como el no cobrar un artículo y tomar el efectivo. La situación económica del país obliga a las empresas a conservar empleados a pesar de mostrar conductas como esta, puesto que la obra de mano calificada es escasa. En caso de las pequeñas y medianas empresas el robo hormiga se genera debido a la falta de control, pues esto facilita el hurto en los artículos.

"En una micro, pequeña o mediana empresa, la administración se lleva de forma empírica e informal provocando improvisaciones y esto puede provocar que los empleados y trabajadores aprovechen la falta de control para su propio beneficio. Los empresarios deben acercarse a quienes los pueden ayudar y orientar con claridad y sencillez, de acuerdo a sus necesidades." (Alarcon R., pág. 5)

El robo hormiga son los hurtos de poco valor, sin embargo, estos al hacer el recuento suman una gran cantidad. Estos robos por lo regular son cometido por los empleados, teniendo un porcentaje del 80%. Lo peor de estos casos es que suelen ser crímenes sin relevancia, de los cuales se termina siendo un testigo mudo. Por lo regular las personas que cometen estos delitos pasan sin ser identificados.

Suele roba aquel que llega diariamente tarde a su trabajo, aunque tan sólo sean unos minutos, el que gasta su tiempo en llamadas telefónicas o correos electrónicos personales, el que usa el equipo de la compañía para fines ajenos. También roba, el que se lleva a su casa materiales de oficina, el que se pone de acuerdo con el despachador de la gasolinera, para que le surta al automóvil menos cantidad que la especificada en la denominación del vale, y así repartirse entre ellos la diferencia, además, el que abusando de la confianza del dueño, toma de cuando en cuando alguno de los cheques "al portador" con los que los clientes pagan sus servicios; el que altera las fichas de depósito, las notas de caja chica, los controles de contabilidad. Roba el mesero o el vendedor de mostrador, cuando a sus familiares o conocidos les regala un "pilón a cuenta de la casa". El chofer que, al surtir la despensa de la compañía, agrega artículos para su hogar, el vendedor que sale a la calle diciendo que visitará clientes y en su lugar, se va a dormir la siesta o con los amigos a tomar la copa, el que infla los gastos de representación que le otorga la empresa, el que toma la cobranza de la compañía para jinetearla en alguna cuenta personal, el cajero que intencionalmente entrega mal el cambio, el maestro que no prepara su exposición.

> "El robo hormiga no es un problema eliminable pero sí reducible, las empresas conocen la existencia del problema y estiman un monto de acolchonamiento para esto, en este robo participan también personas externas a la empresa, el robo hormiga incluye material, productos, herramientas de trabajo y efectivo de poco control, la falta de motivación, baja remuneración y poca identificación con la empresa son factores que propician el problema" (Vázquez y otros, pág., 6)

Una de las preocupaciones de las empresas es el cómo combatir el fraude, una de las razones es la falta de eficiencia de sus métodos y el inadecuado enfoco al combatirlo.

> "El "robo hormiga" tiene un gran auge no solo en la industria maquiladora, sino en todas las empresas del país, ya que durante el periodo de inicio del ciclo escolar éste aumenta considerablemente, porque los empleados empiezan a llevarse a sus casas lápices, hojas de máquina, marcadores, pegamento, plumones, bolígrafos y todo tipo de materiales de oficina que pueden ser de uso para sus hijos cuando regresen a clases, lo que genera pérdidas elevadas en dichas compañías, porque no solo un par de empleados son los que se roban este tipo de materiales, sino que la gran mayoría lo hace." (Carrillo y Toscano, 2014, pág. 3)

Las cifras que las empresas arrojan en relación con las pérdidas de papelería y útiles, son hasta del 85% de lo que se adquiere; por tanto, este tipo de eventos negativos es crítico, pues puede ocasionar los despidos debidos a las pérdidas ocasionadas.

Las pymes por lo general cuentan con una escasa experiencia interna en lo que se refiere a las TIC, sin embargo, estas implican mayor eficiencia y calidad con precios relativamente bajos, además ofrecen una amplia ventaja competitiva, ya que estas mejoran la accesibilidad universal a servicios informáticos y aumentan el rendimiento tanto como de los trabajadores como de la pyme en general. Extraído de:

"Las PYMES suelen carecer de las plataformas, infraestructura, conocimientos técnicos y los recursos financieros necesarios para poder utilizar las modernas tecnologías informáticas para obtener ventajas competitivas. El Cómputo en la Nube pretende servir a estas empresas aumentando el rendimiento, la capacidad de almacenamiento, la accesibilidad universal a servicios informáticos, incluso reduciendo costos. Esto puede beneficiar a la mayoría de las PYMES en la etapa inicial de desarrollo de su negocio, en términos de reducción de costos fijos y de mantenimiento de la inversión en TIC, tanto de hardware como de software." (Orantes y otros, 2016, pág. 3)

Las características más comunes usadas por los ladrones son las miradas que inspeccionan, el movimiento continuo de la cabeza como si tuvieran expectativa de que nadie los observa, algún movimiento brusco o rápido, al igual que aquellos clientes que se reúsan a alguna ayuda ofrecida por los empleados o aquellos que buscan áreas difíciles de observar y suelen pasar tiempo en ellas. Extraído de:

"Comportamiento errante o encubridor: Preste atención a los clientes que pasen de un artículo a otro sin mostrar mayor interés en algo en particular. Por otra parte, fíjese en los clientes que buscan áreas que son difíciles de observar y pasan tiempo en ellas. Comportamiento retraído: Fíjese en los clientes que se resisten a toda ayuda que le ofrecen los empleados y que parecen no sentirse a gusto en su presencia." (Alarcón, 2009, pág. 1)

Un ladrón por lo general aparenta ser un cliente como cualquiera, sin embargo, esta toma mercancía sin ser observado, suele irse como si nada sin pagar el artículo que tomo, por lo que es importante detectar cuando alguien esconde un artículo pues este es el momento crítico de un robo. Por lo regular los artículos se esconden dentro de los bolsillos y en caso de los más grande suelen esconderse en portafolios, bolsas o incluso en cajas, además suelen esconderse debajo de ropa, sin embargo, algunos ladrones esconden el articulo dentro de otro más barato de modo que al pasar a pagar este solo pagara el articulo más barato haciendo un buen negocio. En el caso de las tiendas donde se vende artículos de ropa o joyería estos suelen ser robados al cambiarlos por viejos o solamente al ponérselos, como zapatos, pulseras, etc.

"Esconder la mercancía en los bolsillos:
Guardar los artículos en los bolsillos es probablemente la forma más común de robar. Naturalmente, solo los artículos pequeños se pueden esconder en los bolsillos. Esconder la mercancía en bolsas, portafolios, etc.:
Los artículos grandes también pueden ser robados si se pueden esconder en una bolsa de mano, portafolios o en una caja." (Hansson, 2001, pág. 8)

El hurto en las tiendas suele ser de gran alcance debido a que las tiendas tienen nuevas mercancías, exhibidas en forma tentadora con métodos de venta de autoservicio que otorgan muchas oportunidades para que los compradores manipulen las mercancías y las escondan entre sus vestimentas o en bolsas. La gente prefiere robar en las tiendas que a las personas saben que es poco probable que los descubran y, si son descubiertos, a menudo pueden dar alguna excusa creíble como olvidarse de pagar. El control de existencias en las tiendas es tan deficiente que pocos minoristas saben la cantidad de mercancía que pierden a causa de los ladrones de tienda, o a su propio personal. En tanto el hurto o el daño de mercancías, conocido en el comercio minorista como "merma", no sobrepase del 2 o 3 por ciento de los artículos vendidos, es posible que los minoristas pongan poca atención al hurto en las tiendas pues estos tienen ciertas ventajas, una de ellas es que no se paga impuestos por los bienes robados, al igual que la detección y el procesamiento de los ladrones de tiendas toma tiempo y energía. Extraído de:

> "Quizás no es sorprendente que el hurto en tiendas sea de tan gran alcance. Las tiendas tienen nuevas mercancías, exhibidas en forma tentadora. Los métodos de venta de autoservicio, tan comunes en estos días, otorgan muchas oportunidades para que los compradores manipulen las mercancías (varias de las cuales ya vienen empaquetadas) y las escondan entre sus vestimentas o en bolsas. La gente parece tener menos inhibiciones respecto a robar en las tiendas que robar a las personas. Saben que es poco probable que los descubran y, si son descubiertos, a menudo pueden dar alguna excusa creíble como olvidarse de pagar." (Clarke, 2002, pág. 6)

La teoría económica sobre el comportamiento criminal afirma que la decisión de una persona de participar en una actividad ilegal puede verse como cualquier otra decisión y en tal sentido su decisión se ve afectada por los beneficios derivados de ejercerla. Los individuos se comportan de acuerdo a los beneficios que maximizan a la hora de sus tomas de decisiones. La criminalidad no sería una excepción estos calculan las ventajas comparativas de su actividad al igual que el resto de las personas. El inicio en la delincuencia sería pues una decisión racional al tomar en cuenta los beneficios que tiene este ante algo legal y para mantenerse como delincuente, el individuo debería estar permanentemente calculando las posibilidades que le brinda la delincuencia con aquéllas que le brindaría el dejarla.

"Ahora bien, la teoría económica sobre el comportamiento criminal sostiene que la decisión de una persona de participar en una actividad ilegal puede verse como cualquier otra decisión y en tal sentido su decisión se ve afectada por los costos y los beneficios derivados de ejercerla. La premisa básica es que los individuos se comportan racionalmente, orientando instrumentalmente su actividad con miras a maximizar beneficios y minimizar costos." (Barros, 2003, pág. 13)

El horario de funcionamiento de las tiendas y el comercio suele ser un factor que aumenta los robos generalmente cuando estas están más ocupadas con alta cantidad de clientes o durante la noche cuando no se cuenta con alguna vigilancia. La ubicación del lugar suele ser un factor muy importante pues dependiendo de la localización de alguna tienda esta esta propensa a robos, como lo son tiendas cuyo frente dan a la calle, en especial calles principales, pues cuentan con una gran variedad de rutas de escape en caso de robo. Obtenido de:

"tiendas cuyo frente da a la calle, aún cuando cuentan con más vigilancia natural, pueden ser más propensas al robo que las tiendas de centros comerciales cerrados.
Esto, debido a la mayor cantidad de rutas y oportunidades de escape que caracterizan a los primeros. Así se refleja al menos durante el segundo semestre 2008 y primer semestre 2009, cuando los robos a tiendas en calles principales ocuparon el primer lugar del listado de victimización según tipo de tienda, con un 52% y 57% respectivamente." (Contreras, 2010, pág. 18)

Existen diferentes aspectos del diseño que pueden favorecer el incremento en delitos entre los que encontramos, la existencia de múltiples puntos de entrada al local, lo que dificulta el control de accesos, exhibidores y estanterías, que impiden la visibilidad natural por parte de los empleados, la imposibilidad de ver el interior de la tienda desde la calle, impidiendo que la gente que transita por la calle no pueda ejercer una vigilancia natural e incluso puertas, ventanas y cerraduras que puedan ser fácilmente forzadas por terceros, facilitando la entrada al local.

Las medidas de prevención contribuyen a mejorar de forma notable la seguridad de un negocio y a facilitar la investigación de los delitos, por lo que es importante limitar las zonas de libre acceso para el público y las zonas privadas. El uso de medidas de seguridad limita al delincuente, haciendo más difícil el realizar algún acto delictivo por lo que los desanima a robar en el establecimiento. La instalación del sistema de seguridad no es, en sí misma, suficiente. Además, es preciso que, tanto el propietario del establecimiento como los técnicos de la empresa de seguridad, lleven a cabo comprobaciones periódicas, así como el mantenimiento y revisión adecuados de sus componentes, para garantizar su buen funcionamiento.

> *"Resulta necesario llevar a cabo un estudio para identificar las medidas de seguridad aconsejables y para delimitar el área de seguridad, objeto de protección, identificando los puntos débiles y suprimiendo, en la medida de lo posible, accesos secundarios.*
> *Las medidas de prevención contribuyen a mejorar de forma notable la seguridad del establecimiento y a facilitar las tareas posteriores de investigación de los delitos.*
> *En el establecimiento, se debe delimitar claramente las zonas de venta, a las que el público tiene libre acceso, y las zonas privadas, donde está restringido el paso de personas ajenas al establecimiento." (Iranzo Gutiérrez, Silvia, pág. 5)*

Es importante contar con un sistema de seguridad que pueda vigilar el establecimiento de modo que cuente con un tipo de alarma en caso de que este sea irrumpido o se intente un robo, al igual que debe contar con cámaras que vigilen la caja donde se cobra y la o las salidas, pero sobre todo es importante que no se haga mención a personas ajenas sobre los sistemas de seguridad.

Un buen sistema de seguridad seria los drones, los cuales surgieron en un entorno militar, pero en poco tiempo estos han pasado de utilizarse como arma a ser útil para motivos civiles o para diversión. En la actualidad existen una gran variedad de características, formas y tamaños de estos aparatos tecnológicos en función del uso al que estén destinados, ya que es posible encontrar drones tan pequeños como insectos y tan grandes como aviones en caso de drones militares, siendo la anatomía variable dependiendo del combustible que pueden llevar, sin embargo, en los drones pequeños las baterías duran de 30 a 60 minutos. Obtenido de:

> *"El tamaño y autonomía de los drones son muy diversos. Podemos encontrar drones tan pequeños como insectos y tan grandes como aviones de carga.*
> *En el caso de los drones civiles, la mayoría de ellos no presentan un gran tamaño sino al contrario, son muy ligeros, desmontables y se pueden llegar a transportar en una maleta.*
> *La autonomía de estos aparatos tecnológicos puede llegar a variar según la cantidad de combustible del que dispongan, pero en los modelos más pequeños, las baterías pueden llegar a durar entre los 30 y 60 minutos." (Mesa y Izquierdo, 2015, pág. 13)*

Los drones no son de uso militar únicamente, existen drones con funciones civiles, como vigilancia de tráfico, o apoyo de retransmisiones por televisión. Y para todo esto existe un factor clave el elemento humano, una persona física y no una institución, debido que sin importar con cuanta tecnología este equipado el dron siempre caerá la responsabilidad sobre el humano que lo tripule. Extraído de:

> *"por mucha tecnología que pongamos al final todavía hay un elemento clave en la decisión de su uso: el elemento humano. Alguien (personas físicas, no sólo instituciones jurídicas o "parques tecnológicos") tiene, le guste o no, la responsabilidad sobre la actuación de un drone. Eso abre una línea, entre otras, de consecuencias jurídicas de gran trascendencia."* (Vilanova, 2014, pág. 1)

Todos nos llevamos la impresión de que los drones son un invento reciente que invento alguien que no se quería complicar la vida estando horas en un lugar esperando, viendo, espiando, etc. a que algún suceso, fenómeno o evento ocurriera, pero esto es totalmente falso, los primeros drones fueron de uso exclusivo de las fuerzas armadas y sus primeros usos empezaron en la primera guerra mundial, y solo eran utilizados para misiones especiales de espió a los rivales para averiguar sus planes, ubicaciones, etc. Pero con forme el tiempo el tiempo ha pasado esto también, las fuerzas armadas crearon más tecnología avanzada y exclusiva para ellos y dejaron los drones ya al uso de cualquier persona, lo que ha provocado que se utilicen los drones para lo que sea necesario

> *"Muchas personas piensan que los drones son una tecnología reciente, pero han sido ampliamente utilizados desde hace más de 50 años, y su desarrollo se remonta a poco más de 100; eso sí, con una historia casi completamente circunscrita al área militar, hecho que provocó que su uso y funciones en las guerras se ocultaran para tener ventajas sobre el enemigo. A grandes rasgos se puede decir que la historia de los drones empezó en la Primera Guerra Mundial y se usaban como simples objetos de entrenamiento ya que la tecnología de ese momento no permitía que fueran precisos. Después, como podían llevar cámaras se usaron para espionaje y hoy son armas letales utilizadas en ataques selectivos, lo que los ha convertido en una de las herramientas favoritas de los ejércitos de numerosos países, sobre todo de EUA (ver "Drones al ataque, ya no hay dónde esconderse."* (Velázquez,2017, pág. 1-2)
> *"El abaratamiento en los costos de los equipos electrónicos debido a la encarnizada competencia por el desarrollo e innovación de los teléfonos inteligentes, junto con la eliminación de costos excesivos en sensores, softwares, baterías, fuselajes, tamaño, etc., dio paso a la apertura del mercado de los drones, y ahora es posible conseguir aparatos pequeños, silenciosos, ágiles y complejos, con todo tipo de cámaras."* (Velázquez,2017, pág. 3)

Las personas comunes como nosotros normalmente pensamos que los drones solo los usan las personas de un alto nivel económico que tienen muchas propiedades o dinero y ellos personalmente no pueden estar al control de todo o simplemente para quien puede comprar o tener acceso a uno de estos aparatos, sin embargo, hoy en día este tipo de tecnología está al alcance de todos, y se pueden llegar a utilizar para cualquier uso de búsqueda y rastreo y hoy en día ya hay drones que pueden hacer otro tipo de tareas.

"Los drones de uso civil son cada vez más comunes y pueden implementarse con sensores y equipo extra para un uso específico. Por ejemplo, los hay enfocados en el mapeo e imágenes terrestres, en la agricultura, inspección y monitoreo, entrega y transporte de toda clase de productos, y entretenimiento. Hay compañías que se dedican específicamente a la creación de hardware y al diseño de drones con radares para crear mayor autonomía, incluso los hay que pueden navegar sin que alguien los controle de manera remota. Además, hay quienes se dedican a la gestión del espacio aéreo de los drones, a asegurarlos y a conectar a clientes con operadores de drones según sus necesidades y cercanía." (Velázquez, 2017, pág. 4).

Estados unidos fue el primer país en autorizar totalmente el uso de estas nuevas tecnologías por su innovadora tecnología y su eficaz funcionamiento, al principio todo marchaba bien pero después de un tiempo la situación se salió de control y muchos empezaron a utilizar estos aparatos para la delincuencia, secuestros, y otras cosas mas no beneficiosas para este país, es por ello que las autoridades empezaron a tomar cartas en el asunto y decidieron volver a hacer los drones de uso exclusivo para su personal.

"Estados Unidos fue el primer país en legislar sobre el uso de los drones, en gran medida porque la rápida innovación de esta tecnología podía ser muy peligrosa para su seguridad nacional, ya que es muy fácil adquirirla y está comprobado que es excelente para el espionaje. Por otro lado, mucha gente empezó a emitir quejas por violaciones a la privacidad y éstas no podían ser procesadas por los vacíos legales. Así fue como a finales de 2015, la FAA prohibió el uso de drones para fines comerciales sin contar con un permiso emitido por la misma, además de una licencia de pilotaje de drones, lo cual ocasionó muchos problemas, entre ellos la demora del trámite y su aprobación ya que se hacía caso por caso." (Velázquez, 2017, pág. 8).

Y como es de esperarse en estos proyectos no todo es éxito, también tuvo sus fracasos, debido a que muchos intentos de mejorar los drones terminaron siendo el baje de este tipo de productos, así como debilitando su imagen y auge en la sociedad

"No todo es color de rosa en el mundo de los drones, ya existen proyectos científicos y comerciales que han fracasado quitándoles el halo de magnificencia y superioridad, y poniéndolos en su justo lugar: una herramienta con muchas aplicaciones que sin embargo tiene sus límites como cualquier otra. Uno de los mayores fracasos fue en la Central Nuclear de Fukushima, donde ocurrieron tres colapsos nucleares con sus respectivas explosiones químicas que crearon un agujero en el techo del edificio y la liberación de material radiactivo, cosa que se agravó posteriormente porque el combustible almacenado en las piscinas de enfriamiento se sobrecalentó y liberó aún más material radioactivo." (Velázquez, 2017, pág. 9).

Los drones también fueron criticados por ser una ofensa de la privacidad de las demás personas debido a que estos artefactos eran utilizados anteriormente solo para la misión de observar o espiar cualquier cosa, con uno de estos a tu alcance cualquiera podría ver lo que estás haciendo sin que tú te percates de lo ocurrido, lo cual ha provocado el descontento y revelaciones de muchas personas

El drone puede definirse como un vehículo aéreo no tripulado, controlado por un sistema de comunicación complejo radiocontrol, bluetooth o Wifi el cual controla sus movimientos, aceleración o deceleración según las preferencias del usuario que lo utiliza. Extraído de:

"Podría definirse como un vehículo aéreo no tripulado, controlado mediante un sistema de comunicación/conexión, más o menos complejo, vía satélite, radiocontrol," (Díaz, 2015, Pág. 11) "Bluetooth, Wifi, cuyo movimiento se controla por una emisora o estación de control que dirige la aceleración o deceleración de sus motores/hélices, los cuales proporcionan sustentación vertical y rigen el movimiento según las preferencias del usuario" (Díaz, 2015, pág. 12)

Los drones cuentan con grandes beneficios en la seguridad ya que estos no arriesgan vidas humanas, no están limitados por las capacidades humanas en cuanto a aceleraciones (fuerzas g) ni tiempos de misión, operan en tiempo real a nivel táctico, operacional y estratégico, cuentan con una gran maniobrabilidad, poder de acceso a sitios inaccesibles para vehículos o personas, además de que mejoran la búsqueda y seguridad ya que esta se realiza desde la altura teniendo una mejor vista.

Además de los drones ordinarios existen microdrones que aumentan la capacidad de éxito de las actividades realizadas debido a su tamaño. Sin embargo, tanto los drones como los microdrones son vulnerables al contar con una limitación en su autodefensa. Extraído de:

> *"**Microdrones**: variante de los UAV aún más pequeños y que permiten realizar con éxito muchas de todas estas posibles actividades de uso civil como son la fotografía aérea y periodística, TV, policía, bomberos, servicios de seguridad, protección medioambiental, seguimiento de construcciones, observación, exploración, vigilancia, comunicación"* (Asensio y otros,1991, pág. 4)

Las características de un drone pueden varias dependiendo de la gama, el peso del drone de juguete estándar no suele llegar al kilogramo, variando entre los 50 gr. y los 500 gr. Cuando se pasa del kilogramo, ya se puede hablar de un drone de verdad, utilizado por empresas para trabajos, y de estos podemos encontrar de hasta 25 kg o más, dependiendo del tipo de trabajo que se quiera realizar.

> *"Un drone es un objeto volador no tripulado capaz de ser manejado a distancia o trazar su propia ruta mediante GPS. Se puede diferenciar entre dos tipos de drones: en forma de avión, los cuales tienen la ventaja del planeo por lo tanto tienen un consumo menor, y en forma de cuadricóptero, propulsados por cuatro hélices y con la posibilidad de moverse en todas las direcciones y permanecer quietos en el aire."* (García, 2015, pág. 2)

Los drones de gama más baja no pueden llegar a una gran altitud debido al poco rango de sus señales contando con una velocidad de 2m/s a 28m/s, pero un drone de gama media/alta puede llegar fácilmente a los 120m con una velocidad de 100 km/h en adelante.

> *"Cuando se pasa del kilogramo, ya se puede hablar de un drone "de verdad", utilizado por empresas para trabajos varios, y de estos podemos encontrar hasta de 25 kg o más, en función del tipo de trabajo que se quiera realizar.*
> *Velocidad*
> *La velocidad puede variar entre los 2m/s en el caso de los drones más pequeños a los 27,28 m/s (100 km/h) en adelante en drones de gama media"* (García, 2015, pág. 3).

Entre las partes básicas del drone encontramos el motor, Hélices y ESCs (Electronic Speed Control) los cuales son los componentes fundamentales para mantener el drone en el aire. Los ESCs regulan la potencia eléctrica suministrada a los motores, y por lo tanto la velocidad de giro del rotor, que al girar a alta velocidad suspende el drone en el aire gracias a las hélices que se mueven solidariamente, también cuenta con el controlador de vuelo el cual es el cerebro de la máquina, ya que detecta y controla todos los aspectos de esta, otra parte importante del drone es el mando o control remoto el cual es un dispositivo con dos joysticks (palancas multidireccionales) a través del cual se puede introducir los movimientos que el drone realice, las bacterias y el radio receptor el componente que recibe las órdenes del mando, transmitiéndolas al controlador de vuelo, para que la instrucción sea ejecutada mediante variaciones en la velocidad de los rotores que alteran el curso del drone a voluntad del usuario. En caso de querer activar un accesorio, la placa también se encargaría después de recibir la señal del mando.

Son muchos los tipos de drones que existen. Varían en función de sus componentes. Sus tipos de brazos los cuales puenden variar de 3 a 8 dependiendo de la estabilidad y capacidad que se requiera, el esqueleto el cual le da la forma que uno desea y en donde se integran los demás componente, el motor, la batería, el gimbal del cual dependerá la calidad de video por lo que debe ser lo mas estable y limpia posible, el controlador de vuelo, el radio receptor, gps, entre otros componente. Extraído de:

"Son muchos los tipos de drones que existen. Varían en función de sus componentes, es decir, del número de brazos, de la colocación de los motores. Así que son multitud de variables las que hay que tener en cuenta.
a) Número de brazos.
Un dron puede contar con tres, cuatro, seis y, hasta ocho brazos. De este número dependerá la estabilidad y la capacidad de movimiento de cada aparato. "(Barrio, 2017, pág. 87)

Hay diversas clasificaciones de drones, según su tamaño, forma, tipo de motor, origen del diseño, uso, forma del despegue, entre otras características. En el caso de la materia de seguridad es algo claro tanto en el uso civil o militar pues ya que laboralmente pretende la seguridad de los negocios o las personas. En el caso de la clasificación por número de hélices suele ser en: Tricópteros (3 hélices), Quadcópteros (4 hélices), Hexacópteros (6 hélices) y Octocópteros (8 hélices).

"A la hora de establecer una clasificación de estos dispositivos es posible atender a diferentes criterios; no identificándose criterios normalizados entre las fuentes de información consultadas
Se podrían establecer clasificaciones por tamaño, forma de obtener la sustentación, tipo de motor, origen del diseño, forma de despegue, etc." (Díaz, 2015, pág. 12)

Existen tres categorías de drones dependiendo del peso y la anatomía de estos. La primera categoría son los micro y mini UAV los cuales son los más pequeños; pueden pesar entre 100 gramos y 30 kilos y vuelan a baja altitud, por debajo de 300 metros. Su diseño está optimizado para moverse en las calles de una ciudad o, incluso, en el interior de edificios y suelen ir equipados con dispositivos de captura y grabación de audio y vídeo, aunque también pueden montar cámaras de infrarrojos, sensores térmicos u otro tipo de equipamiento. Además, en un paso más de miniaturización, se están probando los nano drones que tienen el tamaño de un insecto. La segunda categoría son los drones tácticos los cuales son más pesados de entre 150 y 1.5 kilos, vuelan a una altitud entre los tres mil y los 8.000 metros y pueden diferir bastante en su autonomía de vuelo. Se usan, fundamentalmente, en operaciones militares y los de mayor autonomía MALE (*Medium Altitude Long Endurance*) usan tecnología más avanzada como conexiones vía satélite. Por último, la tercera categoría son los UAV estratégicos HALE (*High Altitude Long Endurance*) son grandes y pesadas plataformas que pueden llegar hasta las doce toneladas y volar a una altitud máxima de 20.000 metros. Aunque su uso sigue siendo predominantemente militar también se utilizan en otros entornos como realización de mapas y observaciones atmosféricas. Extraído de:

"cada vez más, estos aviones no tripulados se usan fuera de las zonas de conflicto para usos policiales, civiles y comerciales, lo que, indudablemente, suscita cuestiones y preocupaciones para la privacidad de las personas. Existen diferentes tipos de UAV que, habitualmente, se suelen distribuir en tres grandes categorías, dependiendo de su tamaño, de la carga que pueden transportar y de su autonomía de vuelo: micro y mini UAV, tácticos y estratégicos." (Aced, 2013, pág.1)

Los drones son de gran utilidad sin embargo fuera del ámbito de seguridad, militar o comercial, pueden ser peligrosos para la privacidad de los demás, pues debido a que estos pueden grabar o tomar fotos sin ser vistos algunas personas podrían abusar de ellos, llegando a mono de delincuencia. Extraído de:

"Uno de los aspectos más importantes del uso de drones es su invisibilidad. Un pequeño avión no tripulado volando a cientos o miles de metros de altitud pasa completamente desapercibido y sus cámaras y dispositivos de grabación y rastreo pueden filmar y fotografiar prácticamente cualquier cosa y a cualquier persona sin que nadie sea consciente de ello. Por este motivo, el potencial para el abuso de esta tecnología es tremendo y, actualmente, desconocido. Podría ser utilizado por criminales, voyeurs o personas sin escrúpulos para fisgonear dentro de los domicilios de sus víctimas sin que

éstas tuvieran ni la más mínima indicación de que estaban siendo sometidos a dicha vigilancia." (Aced, 2013, pág.1)

La ventaja de los cuadricópteros de segunda generación sobre los helicópteros coaxiales son 2. La primera, los cuadricópteros no requieren de uniones mecánicas para variar el ángulo de ataque de cada rotor. Se valen del control de velocidad de los rotores para desplazarse en el aire, la segunda, comparados con un helicóptero, poseen menos energía cinética al desplazarse, esto se debe al tamaño en diámetro de sus cuatro rotores los cuales son más pequeños comparados con el diámetro del rotor del helicóptero coaxial equivalente. Sin embargo, su interacción con ellos a distancia es menor.

"Un cuadricóptero es un vehículo aéreo propulsado por 4 rotores, capaz de despegar y aterrizar verticalmente. A diferencia de los helicópteros, las aspas de las hélices tienen un ángulo de ataque fijo y el movimiento del vehículo se logra variando la velocidad relativa entre los 4 rotores" (Soto, 2012, pág. 41)

La comunicación se realiza a través de puertos UDP (Protocolo de Datagrama de Usuario), con el propósito de recepcionar los datos de navegación y del flujo del video y el envió de comandos al cuadricóptero no tripulado. Al utilizar este este protocolo se garantiza el que no se pierda ningún paquete de información y de esa manera se evita el reenviar algún paquete perdido

Los drones en la actualidad utilizan técnicas como la fotogrametría la cual consiste en observar o estudiar un lugar con fotos tomadas desde el aire muy utilizada en el mapeo de terrenos, La fotogrametría hace posible documentar, de manera adecuada, construcciones completas a escala, con medidas o alturas muy aproximadas a la realidad y, además, con texturas y detalles reales. Obtenido de:

"En la actualidad, los VANT son utilizados en diferentes aplicaciones, las más frecuentes son: imágenes y video aéreo, monitoreo y vigilancia, inspección de infraestructuras, búsqueda y rescate, gestión de emergencias, mapeo de terrenos (Addati & Lance, 2014). La información capturada a distancia por el VANT es procesada mediante técnicas de fotogrametría de la que se obtiene, entre otros, productos cartográficos: la ortofoto,1 modelos digitales, nubes de puntos y modelos 3D." (Pacheco, 2017, pág. 2)

El dron es uno de los muchos ejemplos donde la ingeniería militar con fines destructivos se ha adaptado al uso con fines civiles. Las aplicaciones civiles a las que son destinados los drones van aumentando con rapidez en los últimos años al permitir labores que por riesgo o para facilitar la accesibilidad son rentables de realizar, las principales son: grabación de películas, documentales y eventos, grabación de deportes extremos o zonas interiores, prevención de incendios forestales, vigilancia de fronteras, control de infraestructuras industriales, etc. La principal ventaja que suponen los drones reside en la inexistencia de personas a bordo lo que elimina el riesgo de muerte de los pilotos y permite realizar funciones que no serían posibles con aeronaves tripuladas.

A pesar de las grandes posibilidades que nos brindan los drones, presentan también una serie de desventajas técnicas, económicas y éticas.
Las desventajas técnicas tienen en cuenta que este elemento no deja de ser una máquina, controlada a distancia a través de comunicación remota y que requiere una fuente de energía que se va consumiendo, pueden producirse ciertos fallos de comunicación, quedarse sin combustible, reacciones lentas a las indicaciones enviadas, pérdida de comunicación por lejanía o zonas de poca cobertura, así como ocurrió en Irak y Afganistán que los drones fueron hackeados. (Etxeberria, 2015, pág.8)

El uso de los drones suele usarse para realizar varias tareas como, por ejemplo: Entrenamiento, seguridad, socorrismo, agricultura, cartografía, uso militar, envíos a domicilio, y sustituir tareas peligrosas.

"Como ya se ha visto, los drones se usan para múltiples tareas de vigilancia, pero en la mayoría de los casos solo sirve para proporcionar una vista área, y en el último comentado, transportar algo. En Dakota del norte se ha ido más lejos, y el gobierno ha puesto en marcha los primeros drones armados no letalmente para vigilar las calles." (Garcia, 2015, pág. 20).

El drone no solo es el equipo visible en vuelo, sino que también necesita de un control, una base en tierra para despegue y aterrizaje, y sobre todo un piloto que cumpla con los protocolos adecuados, los drones para uso civil o privado suelen estar en vuelo por pocas horas y en pueden levantar poco peso, es erróneo pensar que solo son para uso militar, jugar o inservibles para la seguridad. Extraído de:

"Civiles. Son Drones que no pueden estar en vuelo más de una hora o llevar mucho peso, por lo que la carga o equipamiento debe ser pequeño y su uso se limita a distancias cortas. Militares. Estos drones pueden volar durante más tiempo, distancias más largas y pueden tener más peso, pero no están en venta" (Pinto, 2016, pág.6)

Existen cada vez más drones y en el ámbito de la seguridad y vigilancia estos se expanden, incluso siendo mas pequeños cada vez para evitar ser localizados.

En Latinoamérica (LATAM) los drones y los minidrones cuentan con un amplio campo de aplicación en la seguridad y protección civil, desde vigilaciá de movimiento, seguimiento de sospechosos, vigilancia en zonas problemáticas o peligrosas como manifestaciones o lugares con una alta tasa de crímenes. Mientras que los Drones MALE y HALE son beneficiosos para gobierno pues estos son ayudan en actividades mas grandes como misisones militares. Por lo que en LATAM existe un gran números de utilidades y ventajas para la utilización de drones.

> "Los Sistemas RPAs tendrán un muy amplio campo de aplicación en el área LATAM y requerirán la utilización de varios tipos de sistemas, desde los mini RPAs para Seguridad y Protección Civil: vigilancia de movimientos y eventos ciudadanos (seguimiento de sospechosos, vigilancia de zonas problemáticas, manifestaciones públicas, etc..) y aplicaciones científicas específicas de ámbito geográfico reducido (cultivos, viñedos, recursos naturales)." (Gema Sánchez Jiménez y otros, 2013, pág. 13)

Los avances de tecnología han acelerado el aumento de la creación de drones o sistemas de aeronaves piloteadas a distancias, por lo que estas se han expandido en el ámbito de seguridad.

> "Los Sistemas de Aeronaves Pilotadas a Distancia RPAS han experimentado un importante crecimiento en los últimos años, tanto en operaciones militares como en el empleo en aplicaciones civiles, pudiendo ser usadas en las actividades de seguridad y vigilancia privada como sistemas de vigilancia aérea remota que permitirán una mayor cobertura e incremento de su campo de acción." (Oviendo, 2016, pág. 4).

Sin embargo, esta tecnología es propensa al mal uso, pues pone en riesgo la privacidad e intimidad de terceros. Existen distintos tipos de drones que de acuerdo a sus características permiten una o otra tarea, como la de transporte de objetos a vigilancia, es importante que los drones cuenten con sistemas de recuperación, GPS y sistema de piloto automático.

> "El impacto social de la privacidad, se está estudiando desde la óptica de la responsabilidad civil, los seguros, la protección de datos personales, la protección civil o la seguridad ciudadana; ante lo cual, asociaciones como la AUVSI (Association for Unmanned Vehicle Systems International) ha publicado un Código de Conducta. (AUSVI, 2015). El código está

construido sobre tres temas específicos: la seguridad, el profesionalismo y el respeto."
(Oviendo, 2016, pág. 15).
Es necesario que los drones estén piloteados por personas capacitadas y que no muestre riesgo para las personas o bienes, manteniendo un nivel alto ético, respectando la privacidad de las personas y el espacio aéreo de los demás usuarios.

En la actualidad el principal uso de los drones de altas prestaciones está enfocado al campo militar, en particular misiones de reconocimiento y monitoreo, y en algunos casos de ataque. A nivel civil, el uso de los drones ha incursionado en varios nichos del mercado tales como: seguridad (detección y seguimiento), control fronterizo, búsqueda y rescate de personas, existen otros desarrollos y aplicaciones más específicos, como el emplear los drones como una flota de satélites, que funcionen con energía solar y actúen como un sistema de red de conexión de internet para zonas rurales. Con tanta diversificación de aplicaciones tecnológicas y necesidades a nivel de seguridad mundial, es solo cuestión de tiempo que el desarrollo de un sistema de drones cuyo fin sea el monitoreo permanente desde el aire de toda el área metropolitana de una ciudad sea una realidad dentro de poco tiempo, en la que convergen tecnologías como: la inteligencia artificial (IA) mediante implementaciones como el aprendizaje profundo y la visión artificial, los sistemas biométricos, la robótica y sistemas de control avanzados, el internet de las cosas, la energía híbrida, la comunicación móvil 4.5G y 5G que implican redes de alta velocidad, entre otros. Los vehículos aéreos no tripulados o drones, son naves aéreas controladas de forma remota por personal en tierra, aunque existe ya en el mercado algunos UAV que cuentan con sistemas inteligentes [8] que les brinda cierta autonomía en su vuelo y desarrollo de diversas tareas, tales como la navegación y registro del entorno. Los drones son una herramienta tecnológica cuyo radio de aplicación se expande cada día a diversos campos tal como se ha anotado. Por ende, el llevarlo al nivel de seguridad a gran escala en una ciudad, abre todo un nicho de mercado de desarrollo y aplicaciones sin precedentes. El establecer la forma cómo se va a monitorear y velar por la seguridad de la sociedad, va a ser cedido en parte a las máquinas, y aunque detrás de ellas esté el hombre, es solo cuestión de tiempo donde, la autonomía se relegue no solo a los drones sino a otros dispositivos robóticos y máquinas inteligentes

"*Características de la flota de drones*
Los drones civiles presentan una autonomía de vuelo limitada, que varía de pocos minutos a varias horas sumado al peso o carga adicional.
Autonomía de vuelo: entendida en el contexto de la cantidad de energía que debe disponer las baterías para la ida y vuelta del dron de manera segura.
Disponibilidad de carga: se entiende la capacidad de carga útil o peso que puede transportar el dron en y durante el vuelo.
Comunicación: la calidad de la transmisión y recepción de información entre el dron y una estación base para transmitir información en tiempo real.
Suministro de energía: normalmente los sistemas de carga eléctrica de los drones son desde una toma de corriente con un adaptador a un voltaje determinado según la zona continental.
Programación inteligente: desarrollo e implementación de software y hardware basado en IA y robótica, que permita a los drones realizar el registro autónomo de datos y en ciertas circunstancias la toma de decisiones.
La diferencia que hay entre el dron civil y militar, se fundamenta en los problemas citados, aunque existe otros." (Marquez, 2018, pág. 3)

Los costos de desarrollo de un dron dependen de las tecnologías integradas, en la que se puede ampliar su rango de herramientas según las funciones para las que se desee implementar. Por ejemplo, sistemas de comunicación encriptados, al igual que cámaras de visión nocturna, son algunas tecnologías disponibles en el mercado que se pueden integrar a un dron, al cual por supuesto se debe hacer reingeniería para adaptar estos dispositivos en cuanto a su tamaño, funcionalidad y operatividad. En cuanto a la programación de los drones, los desarrollos de código para IA y VA pueden ser realizados en diferentes plataformas de programación pueden ser combinados con el software propio de las cámaras, sensores, actuadores y aviónica del dron para que realice la captura de video e imágenes, monitoreo, rastreo, detección y comunicación en vuelo sobre un objetivo en particular, sumado a la intercomunicación con otros drones y las estaciones base. Esto implica, que el siguiente paso para implementar drones a gran escala con fines específicos de seguridad, va a ser una red coordinada de estos dispositivos que circunden el área metropolitana.

Conclusión

Las pymes hoy en día son muy importantes para el desarrollo por lo que es necesario utilizar la tecnología para beneficio de estas, y debido a que el robo es una de las mayores causas de bancarrota de una pyme se deben tomar medidas de seguridad que permitan no solo la protección de esta sino también el desarrollo teniendo en cuenta métodos que permitan detectar cuando se realiza un robo. Por tal motivo es conveniente utilizar drones como medio de seguridad ya que estos no solo tendrán la función de una cámara de seguridad, sino que también podrá ser útil en la búsqueda de los objetos robados ya que con sensores incluidos podrá alertar cuando alguien intente realizar un robo y incluso realizar labores de espionaje con los hurtadores.

En uso de drones para la vigilancia no solo permitirá a la pyme estar mas segura, sino que el innovar con tecnología ayudara a crecer a esta como empresa y evitará la quiebra por perdida de mercancías, ya sea tanto de clientes como de trabajadores. Debido a que la mayor parte de estos robos son por los mismos trabajadores de la pyme el drone con el sensor incluido es una mejor herramienta que alguna cámara o incluso que el personal de seguridad, pues este no distinguirá entre trabajadores, clientes frecuentes o nuevos clientes, sino que solo se centrará en los productos y que estos se mantengan en la pyme al menos de ser vendidos o autorizada su salida.

Referencias

Aced Félez, Emilio, *drones: una nueva era de la vigilancia y de la privacidad*, España, 2013. Obtenido en la red mundial el 7 de noviembre del 2018:

file:///C:/Users/monch/Downloads/Drones.pdf

Alarcón de Morris, Amalia, *prevención del hurto en tiendas*, Oregón, 2009.Obtenido en la red mundial el 12 de diciembre del 2018:

https://www.portlandoregon.gov/civic/article/673880

Alarcon R, Ruben, *señales de emergencia empresarial*, obtenido en la red mundial el 15 de octubre del 2018:

file:///C:/Users/monch/Downloads/Robo%20en%20la%20empresa%20web.pdf

Alcaide J. C., S. Bernués, E. Días Aroca, R. Espinosa, R. Muñis, C. Smith, *marketing y pymes las principales claves de marketing en la pequeña y mediana empresa*, 2013. Obtenido en la red mundial el 12 de diciembre del 2018:

http://files.biblioteca-uaca.webnode.es/200000542-3873a396df/MARKETING-Y-PYMES-Las-principales-claves-de-marketing-en-la-pequena-y-mediana-empresa.pdf

Argandoña, Antonio, (2017). ¿Es posible la ética en las pymes?, *contabilidad y dirección*, 25, 69-80. Obtenido en la red mundial el 14 de octubre del 2018:

https://www.economistas.es/contenido/EC/casos%20practicos/Es%20posible%20la%20etica%20en%20las%20PYMES.pdf

Asensio J.L., F. Pérez y P. Morán, *U.A.V. beneficios y límites*, Madrid, 1991. Obtenido en la red mundial el 7 de noviembre del 2018:

file:///C:/Users/monch/Downloads/UAVs%20beneficios%20%20l%C3%ADmite
s.pdf

Ávila, S.L. (2008). manual de prevención de robo en la PyME. *Mapfre Empresas*,7, 2-
22. Obtenido en la red mundial el 14 de octubre del 2018:

https://www.mapfre.es/portal/web_talleres/docs/pdf/manual_robo.pdf

Barros Lezaeta, Luis, *planificación de la actividad delictual en casos de robo con
violencia o intimidación*, Santiago Chile, 2003. Obtenido en la red mundial el 11
de noviembre del 2018:

https://www.cesc.uchile.cl/publicaciones/se_03_lbarros.pdf

Barrio Tajadura, Raúl, *uso de drones en la inspección para la rehabilitación del
patrimonio*, tesis doctoral, universidad de burgos escuela politécnica superior,
2017. Obtenido en la red mundial el 12 de diciembre del 2018:

riubu.ubu.es/bitstream/10259/4804/1/Barrio_Tajadura.pdf

Clarke, Ronald V., *el hurto en tiendas*, Washington DC, 2002. Obtenido en la red
mundial el 7 de noviembre del 2018:

http://www.popcenter.org/problems/pdfs/espanol/pop_quia11.pdf

Carrillo Ávila, Enrique Misael y Toscano Moctezuma, Juan Alfonso (2014). el "robo
hormiga" en la empresa maquiladora, *novaRua*, 1, 1-6. Obtenido en la red
mundial el 13 de octubre del 2018:

file:///C:/Users/monch/Downloads/388-1482-1-PB.pdf

Contreras A., Alfredo, prevención de delitos en el comercio, Chile, 2010. Obtenido en
la red mundial el 7 de noviembre del 2018:

http://www.seguridadpublica.gov.cl/filesapp/MATERIAL%20PREVENTIVO/Pre
vencion_de_delitos_en_el_comercio%20(2010).pdf

Denegri de Dios F.M., J. Ley García, P. J. Gonzales Reyes, *memorias*, Baja California, 2014. Obtenido en la red mundial el 14 de octubre del 2018:

https://selper.org.co/papers-XVI-Simposio/Bases-de-Datos-
Geoespaciales/BD5-Delito-y-lugar.pdf

Etxeberria Mendez, Jose y Goicoechea Fernández, Javier, Implementación de un dron cuadricóptero con Arduino, Pamplona, 2015. Obtenido en la red mundial el 12 de diciembre del 2018:

http://academica-
e.unavarra.es/bitstream/handle/2454/19208/TFG%20Jose%20Etxeberria.pdf?s
equence=1

Díaz Cantos, Óscar, *drones y su aplicación en materia de seguridad y salud en el trabajo*, 2015. Obtenido en la red mundial el 7 de noviembre del 2018:

http://dspace.umh.es/bitstream/11000/2211/1/TFM%20D%C3%ADaz%20Cant
os%2C%20%C3%93scar.pdf

García Mateu, Lucas, d*rones, en el cielo están al alcance de todos*, Barcelona, 2015. Obtenido en la red mundial el 14 de octubre del 2018:

https://www.edubcn.cat/rcs_gene/treballs_recerca/2015-2016-03-1-TR.pdf

García Treviño, Alfonso Hernán, *empresarios pyme opinan sobre la crisis y sus estrategias para enfrentarla*, México, 2009. Obtenido en la red mundial el 12 de diciembre del 2018:

http://www.ur.mx/LinkClick.aspx?fileticket=9IKnR8yOfpQ%3D&tabid=2792&mi
d=7929&language=en-US

Hansson, Gert, *robos en tiendas*, Ginebra, 2001. Obtenido en la red mundial el 7 de noviembre del 2018:

https://www.ilo.org/wcmsp5/groups/public/---ed_emp/---emp_ent/---coop/documents/instructionalmaterial/wcms_634585.pdf

Hurst, Peter (2013), material de formación sobre evaluación y gestión de riesgos en el lugar de trabajo para, *OIT*, 1, 1-90. Obtenido en la red mundial el 7 de noviembre del 2018:

https://www.ilo.org/wcmsp5/groups/public/---ed_protect/---protrav/---safework/documents/instructionalmaterial/wcms_232852.pdf

Iranzo Gutiérrez, Silvia, *comercio en seguridad*, España. Obtenido en la red mundial el 11 de noviembre del 2018:

http://s449868738.mialojamiento.es/confespacomercio/wp-content/uploads/2014/04/7e4828d5-7340-404e-857f-5d5c877e2cbc.pdf

Jacques Filion L., L. F. Cisneros, J. H. Mejía Morelos, administración de pymes, México, 2011. Obtenido en la red mundial el 12 de diciembre del 2018:

http://cpx.mx/acabrera/bStarter/Administracion_de_PYMES.pdf

Márquez Díaz, Jairo Eduardo. (2018). seguridad metropolitana mediante el uso coordinado de drones. *Ingenierías USBMed*,9, 39-48. Obtenido en la red mundial el 15 de octubre del 2018:

https://revistas.usb.edu.co/index.php/IngUSBmed/article/viewFile/3299/2779

Martínez, Carlos R, *juventud y pymes en américa latina y el caribe,* Ginebra Suiza, 2015.Obtenido en la red mundial el 12 de diciembre del 2018:

https://www.ilo.org/wcmsp5/groups/public/---americas/---ro-lima/documents/publication/wcms_421759.pdf

Mesa Chinea, Violeta y Izquierdo Abreu Lidia, *los drones su aplicación en el mundo de la comunicación,* San Cristóbal de La Laguna, 2015. Obtenido en la red mundial el 12 de diciembre del 2018:

https://riull.ull.es/xmlui/bitstream/handle/915/1020/Los%20Drones.%20Su%20Aplicacion%20en%20el%20mundo%20de%20la%20comunicacion.%20.pdf?sequence=1

Meza Zamudio, Román, *manual del guardia de seguridad*, 2016. Obtenido en la red mundial el 14 de octubre del 2018:

https://www.itson.mx/micrositios/plazas/administrativas/Documents/1%203%20GUIA%20DE%20ESTUDIO%20GUARDIA%20DE%20SEGURIDAD%20ITSON.pdf

Orantes Jiménez S., A. Zavala Galindo, G. Vázquez Álvarez*, análisis de las implicaciones de seguridad en la adopción del cómputo en la nube para las pymes en México*, México, 2016. Obtenido en la red mundial el 12 de diciembre del 2018:

http://www.iiis.org/CDs2016/CD2016Summer/papers/CA523FW.pdf

Oviendo oviendo, Julio cesar, *uso de los drones en la seguridad privada*, Bogotá, 2016. Obtenido en la red mundial el 13 de octubre del 2018:

https://repository.unimilitar.edu.co/bitstream/10654/7785/1/OviedoOviedoJulioCesar2016.pdf

Pacheco Prado, Diego, *drones en espacios urbanos: caso de estudio en parques, jardines y patrimonio edificado de cuenca*, Ecuador, 2017.Obtenido en la red mundial el 12 de diciembre del 2018:

DOI: 10.18537/est.v006.n011.a12.

Pinto D., Rodrigo, *drones: la tecnología, ventajas y sus posibles aplicaciones*, 2016. Obtenido en la red mundial el 7 de noviembre del 2018:

http://www.sonami.cl/site/wp-content/uploads/2016/03/09.-Drones-La-tecnologia-ventajas-y-sus-posibles-aplicaciones.pdf

Sánchez Jiménez G., M. Mulero Valenzuela, E. Saumenth Cadavid (2013), vehículos aéreos no tripulados en Latinoamérica, *IDS*, 1, 1-86. Obtenido en la red mundial el 7 de noviembre del 2018:

https://www.infodefensa.com/wp-content/uploads/Vehiculos_aereos_no_tripulados_en_Latam.pdf

Soto Guerrero, Daniel, *interacción hombre-robot con vehículos aéreos no tripulados basada en visión*, Tesis de Maestría, Instituto Politécnico Nacional, 2012. Obtenido en la red mundial el 7 de noviembre del 2018:

https://www.cs.cinvestav.mx/TesisGraduados/2012/TesisDanielSoto.pdf

Vázquez Mireles R.D., I.D. Silva Saucedo, Y. Mejía de León y B. Rodríguez Villanueva, *la repercusión del robo hormiga en las cadenas comerciales y de servicio. "caso de estudio. en una comunidad de México"*. Obtenido en la red mundial el 14 de octubre del 2018:

http://www.aeca1.org/pub/on_line/comunicaciones_xviiicongresoaeca/cd/168c.pdf

Velázquez Olivera, Ana, *el mundo de los drones*, México, 2017. Obtenido en la red mundial el 14 de octubre del 2018:

http://www.cienciorama.unam.mx/#!titulo/538/?el-mundo-de-los-drones

Vilanova, Pere, *drones: el nombre y la cosa*, Barcelona, 2014. Obtenido en la red mundial el 12 de diciembre del 2018:

file:///C:/Users/monch/Downloads/265_OPINIO_SEGURIDAD_CAST%20(1).p df

Vilalta Perdomo, Carlos Javier, *cuando la cleptocracia no alcanza: los delitos contra las empresas*, Toluca México, 2017.Obtenido en la red mundial el 12 de diciembre del 2018:

DOI: http://dx.doi.org/10.22136/est2017983

Zevallos V., Emilio, (2003). micro, pequeñas y medianas empresas en América latina. *Cepal*,79,53-70. Obtenido en la red mundial el 14 de octubre del 2018:

https://repositorio.cepal.org/bitstream/handle/11362/10874/1/079053070_es.pd f

CON GRIN SUS CONOCIMIENTOS VALEN MAS

- Publicamos su trabajo académico,
  tesis y tesina

- Su propio eBook y libro - en todos
  los comercios importantes del mundo

- Cada venta le sale rentable

Ahora suba en www.GRIN.com
y publique gratis